红袋鼠物理千千问

量子的保密性：
量子物理 ⑨

[加拿大] 克里斯·费里 著/绘　那彬 译

中国少年儿童新闻出版总社
中国少年儿童出版社
北　京

作者简介 ....

　　克里斯·费里，80 后，加拿大人。毕业于加拿大名校滑铁卢大学，取得数学物理学博士学位，研究方向为量子物理专业。读书期间，克里斯就在滑铁卢大学纳米技术研究所工作，毕业后先后在美国新墨西哥大学、澳大利亚悉尼大学和悉尼科技大学任教。至今，克里斯已经发表多篇有影响力的权威学术论文，多次代表所在学校参加国际学术会议并发表演讲，是当前越来越受人关注的量子物理学领域冉冉升起的学术新星。

　　同时，克里斯还是 4 个孩子的父亲，也是一名非常成功的少儿科普作家。2015 年 12 月，一张 Facebook（脸书）上的照片将克里斯·费里推向全球公众的视野。照片上，Facebook（脸书）创始人扎克伯格和妻子一起给刚出生没多久的女儿阅读克里斯·费里的一本物理绘本。这张照片共收获了全球上百万的赞，几万条留言和几万次的分享。这让克里斯·费里的书以及他自己都受到了前所未有的关注。

　　扎克伯格给女儿阅读的物理书，只是作者克里斯·费里的试水之作。2018 年，克里斯·费里开始专门为中国小朋友做物理科普。他与中国少年儿童新闻出版总社全面合作，为中国小朋友创作一套学习物理知识的绘本"红袋鼠物理千千问"系列。

红袋鼠神秘地说："克里斯博士！我想告诉您一个秘密！但是我不能大声说出来，不然所有人都能听到，就不是秘密了。"

红袋鼠接着说："比如，我想给您发一条别人完全读不了的消息，该怎么做呢？是不是这是不可能的？"

克里斯博士回答说：“目前来说是不可能的，这里涉及**密码学**的问题。如果你想要发特别秘密的信息，就一定要用**量子密码**，它相对来说是最可靠的。”

5

克里斯博士说："你给朋友或家人发过电子邮件吧？如果你发过，所有的人都有可能通过互联网读到这封信。"

红袋鼠沮丧地说："哦，不！我跟朋友说过一个很尴尬的秘密！"

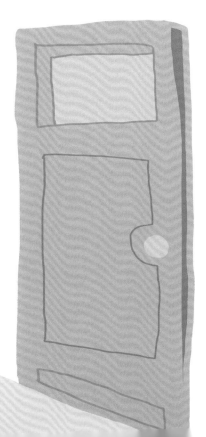

克里斯博士安慰地说："别太担心！你的邮件是加密的，一般来说，它是能保密的，但还是有可能会被破解。"

红袋鼠说："您真是个不坦率的博士！告诉我究竟是怎么回事吧！"

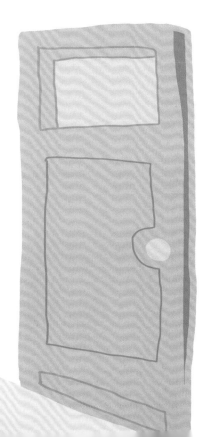

克里斯博士说："发一封密信需要三部分：**信息**、**密码**和**钥匙**。"

克里斯博士接着说："首先是信息，你要发给朋友的秘密是什么？嘘！先不能说。我们必须先给你的信息加密。"

信息

红袋鼠要说的话 → agbony三

随机字母

克里斯博士继续说："密码有各种各样的，但都会把你的秘密信息变得一团乱。现在除了你，谁也不知道这是什么意思了。"

红袋鼠说："这就像是把我的信息给锁了起来。"

红袋鼠问："但如果别人都不知道是什么意思，那我的朋友又怎么知道我的秘密呢？"

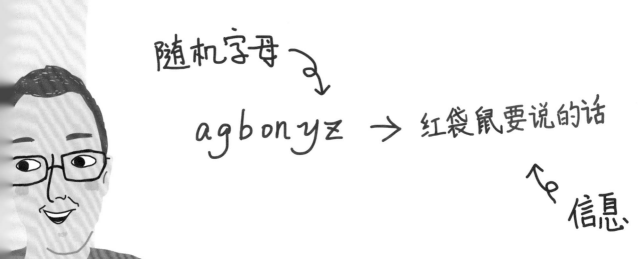

随机字母

agbonyz → 红袋鼠要说的话

信息

克里斯博士回答："你的朋友如果有钥匙，就能知道啦！钥匙能解开密码，显示出信息。"

红袋鼠说："好吧，克里斯博士，我现在觉得安全一些了。可我的朋友从一开始怎么得到钥匙呢？"

克里斯博士说："有很多种办法，最安全的办法就是利用量子物理。"

克里斯博士接着说："利用量子物理，你可以把钥匙从空中发给你的朋友，只要用一束激光就可以了！"

红袋鼠说："我记得激光是把光子点燃了。"

21

克里斯博士解释说："光子是属于量子世界的。量子世界的物质只要被看到就会发生变化。只有正确的接收人能掌握钥匙，其他人再看，钥匙就不一样了。"

红袋鼠又问："这么说只有一个人能拥有钥匙了？"

克里斯博士回答："正确。而且你可以检查一下，是不是只有你朋友拥有钥匙。现在互联网解密的钥匙就有很多人都拥有，互联网并不总安全，而用量子世界里的物质发送解密的钥匙，目前来说是最安全的。"

克里斯博士说："用量子世界里的物质发送解密的钥匙，这叫作**量子密钥分发**。量子物理的法则就可以保证你的信息是秘密的！"

红袋鼠感叹地说："克里斯博士！原来，我的秘密可以靠量子物理来保密，这样就安全多啦！"

版权合作方：澳大利亚米酷传媒

图书在版编目（CIP）数据

量子物理. 9，量子的保密性 /（加）克里斯·费里
著绘 ；那彬译. — 北京 ：中国少年儿童出版社，
2018.11
　　（红袋鼠物理千千问）
　　ISBN 978-7-5148-5059-8

Ⅰ．①量… Ⅱ．①克… ②那… Ⅲ．①量子论－儿童
读物 Ⅳ．①O413-49

中国版本图书馆CIP数据核字(2018)第225727号

审读专家：高淑梅 江南大学理学院教授，中心实验室主任

HONGDAISHU　WULI QIANQIANWEN
LIANGZI DE BAOMI XING:LIANGZI WULI 9

出版发行 中国少年儿童新闻出版总社
中国少年儿童出版社

出 版 人：孙 柱
执行出版人：张晓楠

策　　划：张 楠	审　　读：林 栋 聂 冰
责任编辑：徐懿如	封面设计：马 欣
美术编辑：马 欣	美术助理：杨 璇
责任印务：任钦丽	责任校对：颜 轩

社　　址：北京市朝阳区建国门外大街丙12号	邮政编码：100022
总 编 室：010-57526071	传　　真：010-57526075
客 服 部：010-57526258	
网　　址：www.ccppg.cn	电子邮箱：zbs@ccppg.com.cn

印　　刷：北京尚唐印刷包装有限公司

开本：787mm×1092mm　1/20	印张：2
2018年11月北京第1版	2018年11月北京第1次印刷
字数：25千字	印数：10000册
ISBN 978-7-5148-5059-8	定价：25.00元

图书若有印装问题，请随时向本社印务部（010-57526183）退换。